猜猜我在想什么

DK 儿童野生动物行为小百科

猜猜我在想什么

德里克·哈维 著

杜倩 译

A DORLING KINDERSLEY BOOK

中国大百科全书出版社

Encyclopedia of China Publishing House

Original Title: Animal Antics

Copyright © 2014 Dorling Kindersley Limited

A Penguin Random House Company

北京市版权登记号：图字 01-2015-3391

图书在版编目（CIP）数据

DK儿童野生动物行为小百科. 猜猜我在想什么 / 英国DK公司编；杜倩译.—北京：中国大百科全书出版社，2015.6
书名原文：Animal Antics
ISBN 978-7-5000-9559-0

Ⅰ.①D… Ⅱ.①英… ②杜… Ⅲ.①动物—儿童读物 Ⅳ.①Q95-49

中国版本图书馆CIP数据核字（2015）第109150号

译　　者：杜　倩
策 划 人：武　丹
责任编辑：王　杨　杜　倩
封面设计：袁　欣

DK儿童野生动物行为小百科·猜猜我在想什么
中国大百科全书出版社出版发行
（北京阜成门北大街17号　邮编：100037）
http://www.ecph.com.cn
新华书店经销
当纳利（广东）印务有限公司印制
开本：787毫米×965毫米　1/16　印张：9
2015年11月第1版　2021年12月第3次印刷
ISBN 978-7-5000-9559-0
定价：98.00元

For the curious
www.dk.com

前言

当你生活忙忙碌碌时，滑稽通常是偶然出现的，并非有意为之。有时，有些动物也会做出使我们发笑的事情，不管它们是不是有意的。在我们生活的世界里，长颈鹿想喝水的时候只能叉开双腿，冲浪的企鹅有时会因为错误判断海浪而被冲到岸上。

《DK 儿童野生动物行为小百科·猜猜我在想什么》向我们讲述在这些有趣现象的背后，动物们在大自然中求生的真实故事。不管是住在森林还是沙漠，海洋还是山坡，所有的动物都要躲避危险，寻觅食物。有时候它们根本没办法避开危险，谁会想到小鸟要在河马的头上寻找点心，或是山羊要爬到树顶为午餐寻找食物？其中还有许多理智的动物家长，因为动物宝宝常常是最顽皮的。当心淘气的小狐獴和拿着雪球的小猴子！

好痒！

3 只小幼崽对于猎豹妈妈来说算得上难管了，它们能挤满整个肚皮。猎豹妈妈从猎豹爸爸那儿得不到任何帮助，只能独自承担起照顾幼崽的任务。

猎豹妈妈每隔几天就会把幼崽转移到新的藏身地点。幼崽头和背上长有长长的绒毛，这些绒毛可帮助它们藏在高高的草丛和灌木丛中。18 个月后，它们最终会离开妈妈。在此之前，猎豹幼崽们要学会重要的生存技能，包括如何猎食和躲避危险。离开妈妈之后的 6 个月，幼崽们会待在一起，学会以群体谋生。

依偎

同伴在你需要依偎取暖时格外重要。对于蜂虎来说，清晨实在太冷了，所以它们会挤在一起取暖。

刚落到树枝上的蜂虎会小步向侧方移动，直到紧紧挤在一起。它们都面向同一个方向，只有一只面向相反方向以侦察敌情。挤成一排的蜂虎中的多数属于同一个家族。在天气变得阴暗多云时，它们常常会这样做。

我舔过它了

生活在满是沙尘的沙漠中已经够糟糕的了，如果你没有眼皮，沙子落在眼球上会引起严重的问题。

南非的阔趾虎长有长长的舌头，能很好地解决这个问题。它的舌头能舔到覆盖在眼球上起保护作用的透明层，使其保持湿润。舔舐也是获取水分的一个重要途径。在夜晚凉爽的天气里，蜥蜴皮肤上会形成露水，露水或从脸上滑落，或被皮肤吸收。

球状大眼睛

掩护

阔趾虎身上覆盖着粉红褐色的鳞片，可使它们与沙漠环境融为一体。它们能在几秒钟之内把自己埋进沙子里。

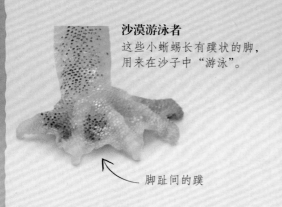

沙漠游泳者
这些小蜥蜴长有蹼状的脚，用来在沙子中"游泳"。

脚趾间的蹼

空中飞轮

这只正在猎食的螳螂看起来要开始在乡间做一次长途骑行。但你近距离仔细看一下。

实际上，这只螳螂栖息在两片蕨类嫩芽上，嫩芽马上就要打开，长成枝叶。蕨类的叶子

背对背，看起来就像自行车的轮子。叶子上的捕食者全神贯注地寻找下一顿美餐，任何进入螳臂攻击范围之内的其他昆虫都会被它立刻抓住，囫囵吞下。

不是开玩笑！

斑鬣狗是非常友善的动物，不像它的堂兄弟缟鬣狗和棕鬣狗。

它们通过不同的叫声与群体中的其他成员联络。斑鬣狗和同伴交谈时，它的叫声听起来就像是人类的笑声。但你一定不想和一只鬣狗分享笑话。它们露齿微笑就代表着可能会咬你一口。"笑"在鬣狗的语言中代表着受到惊吓或饿了。

你想知道秘密吗？

对于两只狐獴来说，想要说悄悄话很难。狐獴们生活在一个大家族里，因此常常会有一只保姆狐獴照管着小狐獴们。

出生后 3 周，小狐獴们从洞穴中钻出来，它们必须快速认识身边的世界。狐獴通过不同的叫声、吱吱声、呼噜声和其他声音交流。不同的声音代表着不同的含义，包括对危险的警告、觅食的召唤或者和敌对族群作战的呼唤。狐獴群中有经验的族员甚至能根据声音辨别每只狐獴。

笑一笑

人类不是唯一一种喜欢聚在一起玩的生物。黑猩猩喜欢分享开心的事情，并且用笑来加强群体成员间的联系。

黑猩猩在感到痒痒或和同类摔跤的时候也会发笑。猿类家族中的其他成员——猩猩、倭黑猩猩、大猩猩也会笑。它们的脚、手掌和腋窝非常容易发痒，像人类一样。有些事情就是很好笑，不管你是哪种猿！

嘘！

白星海芋漏斗状的绿色花朵对于澳大利亚沼蛙来说是完美的落脚处，尤其是长在池塘附近的那些。

雄性沼蛙长有肌肉发达的前腿，时机成熟时，它们会和池塘里的同伴打斗，以博取雌性沼蛙的注意。它们洪亮的叫声听起来像是击打网球的声音。

再高一点点

大象用鼻子够叶子吃，但有时候即便有自行车那么长的鼻子也不能够到汁水最饱满的绿色叶子。

它们用后腿站立的方式能够得更高。大象需要练习许多次才能找准平衡，在不摔倒的情况下够到叶子。

水花四溅
地登岸

最棒的运动员也有摔倒的时候。

对于巴布亚企鹅来说，没有比从海里捕食回来时的冲浪更开心的事情了。速度不仅在捕鱼和逃脱捕食者追捕的时候很重要，在从水中登上海岸时也非常重要。巴布亚企鹅鱼雷形的体形很适合做这样的动作，在一瞬间，这种不能飞的鸟能完全腾空。但是有的时候，特别急迫地想跳上岸的企鹅会错误地判断岸边的情况。

高速的鱼雷
巴布亚企鹅是所有企鹅中水下速度最快的一种，速度可达到每小时 36 千米。

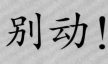

别动！

猞猁妈妈喜欢让自己的孩子们保持干净和整洁，时不时就会好好地舔一舔它们。妈妈们知道，梳理毛发对于使皮毛保持在最佳状态很重要。

猞猁生活在北美洲北部、欧洲和亚洲。它们长着厚厚的皮毛御寒，带肉垫的宽大脚趾伸开时能帮助它们在冰雪上行走，耳朵上穗状的黑色毛发对振动非常敏感，与胡须的作用相同。

我已经盯上你了

鬼鸮生活在北极周围寒冷的针叶林里，在啄木鸟留下的洞里居住。

即使你只给它们一个巢洞（如图），它们也会在里面安家。这种猫头鹰比其他大部分猫头鹰体型小。因此，巢洞可以很好地保护它们躲避大型猫头鹰的欺负，同时还是安全的瞭望点。

搞笑的长相

这种短角蝗看起来就像是刚刚获释的花脸囚犯。

在美洲热带雨林斑驳的阳光下，它鲜艳的颜色闪烁着宝石一样的光芒。如果这都没有吓跑附近的捕食者，它们就会用足够强壮的细长的腿跳到安全的地方。

保持微笑！

在一个大群体里生活可能并不容易。因此，在开阔的非洲平原上，一个微笑有时正是一个可以使大家保持友好的举动。

斑马在群体中生活，通过脸上不同的表情来交流。一个大大的露齿笑容既是在炫耀能拔起多汁嫩草的切牙，也是在告诉其他斑马离自己远一点儿。大型成年公马有时会相互打斗，甚至可能会咬对方。但像这样微笑一下也许就能避免事情发展到那种地步吧！

系紧安全带

我们无法得知 24 只小手和小脚抓在负鼠妈妈后背毛发上时它的感受。

负鼠宝宝在妈妈的育儿袋里出生，这时候它们只有豆子大小，但在充足奶水的喂养下，它们会迅速长大。仅仅在几个月之后，它们就不能继续待在育儿袋里了，这时就需要用另一种方法跟着妈妈四处走动。它们全部爬到妈妈的背上，用力抓紧毛发，妈妈走到哪儿，它们就跟到哪儿。

29

梦幻舞步

如果你有这样花哨的脚，你也会想炫耀的。

这正是雄性蓝脚鲣鸟为了吸引雌性要做的事情。它们昂首阔步地走来走去，一步一摇。

雌性会选择与拥有最鲜艳蓝色脚的雄性在一起。在鲣鸟的世界里，颜色更浓代表着这只雄鲣鸟将会是更强大的父亲。它们的大脚也可用来盖住鸟蛋或者小鸟，为孩子们保暖。

偷偷地进食

有的时候，打滚儿的河马不仅仅能免费带你一程，还可能给你带来一顿美餐。

当河马从水里露出头来的时候，厚脸皮的牛背鹭会仔细翻看挂在河马脑袋上的水草，因为可能会有美味的虾和虫子在水草下蠕动。牛背鹭因跟在大型动物后面，捕食被它们搅动起来的昆虫和蜥蜴而得名。生活在沼泽里的牛背鹭得到的好处更多，因为它们的菜单上可以有鱼！

笨山羊

在北非干燥、灌木丛生的大地上，动物们有时候会为了获得食物而采取极端手段。

对于山羊来说，长着厚肉的蹄子能帮助它们攀爬岩石，还能让它们够到树上的叶子。山羊是掌握平衡的专家，但有些树叶比其他树叶更难够到。这个地区生长的阿甘树有美味的橄榄形浆果，对于山羊来说，这些果实就像磁石一样有吸引力。大部分山羊甚至会试图爬到最细的树枝上，以摘到树顶端的果实。

哪边是上？

与很多树蛙一样，牛奶蛙脚趾上也长有吸盘，能帮助它们紧紧地抓住东西。

即使是吸力最强的脚有时也会打滑，尤其是在光滑、纤细的雨林植物茎上。不过，牛奶蛙安然地住在雨林的高处，甚至在树洞里积存的雨水中产卵。也就是说，它们不用下到地面上就能养育后代。它们得名的原因是其皮肤在受到威胁时能分泌一种牛奶状的有毒液体。

看，没有爪子

大熊猫幼崽简直忍不住要在树上玩，即使这意味着它们可能会以意料之外的姿势结束这次玩耍。

大熊猫妈妈常常会在外出捕食的时候把幼崽独自留在树顶。通常情况下幼崽们会睡觉，但树有一个理想的攀爬结构，它们也会调皮地在树上玩耍。有的大熊猫即使到了成年仍然会爬树，有时为了躲避危险，有时只是去晒太阳。但年老的或笨重的大熊猫会发现自己难以找到能支撑自身重量的树枝。

它们向那个方向走了！

不，这只小袋鼠并不是不知道指向哪个方向，它是努力使自己在酷热的澳大利亚沙漠中凉爽下来。

袋鼠舔舐前肢，然后用前肢摩擦身体，使皮毛沾上口水。口水在阳光下蒸发，从而使皮肤和皮肤下血液的温度降下来。

对着镜头笑一下！

对于雨林地面上的两只年轻的猴子来说，摄影师的存在是绝不可能被忽略的事情。

黑冠猴只在位于东亚的苏拉威西岛上被发现过。它们过着群居生活，每个群体最多不超过 20 只。它们大部分的时间都在地上。像其他猴子一样，它们用面部表情交流。但不要被它们的表情欺骗了，它们的"微笑"实际上可能是警告！

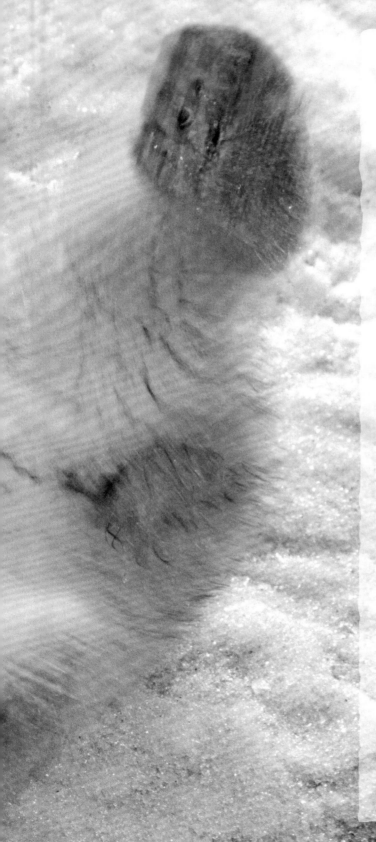

保持清洁

对于大多数动物来说，它们并不愿意在雪里打滚儿，但有时也别无选择。

北极熊是游泳健将，它们常常长距离游泳去寻找食物。尽管北极熊出水时会尽量甩掉身上的水，但与此同时，它们还会把雪当作毛巾来擦干身体。北极熊的皮毛可能看起来是白色的，但实际上每根毛都是空心透明的。保养好皮毛很有好处。

小耳朵能减少
热量流失

温暖的皮毛外套
北极熊是世界上体型最大、体重最重的熊。它们体重的大部分来自特大的皮毛外套，它的皮毛能使温暖的空气环绕在身体周围。

小心地踩水
宽大的爪子非常适合在光滑的雪地上行走和踩水。

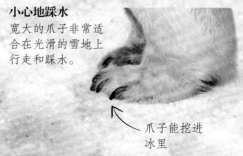

爪子能挖进
冰里

我想和你说句话

太阳锥尾鹦鹉交际时要做的就是友好地把脚搭在对方肩上。

像其他种类的鹦鹉一样，这些鸟聪明，而且长有灵活的爪子。鹦鹉的脚有两个向前的脚趾和两个向后的脚趾，无论是裂开的坚果还是只是好玩儿的东西，都能很好地抓住。它们把自己的喙当作"手"。与其他鸟类不同，它们的喙的上下部分都非常灵活，能很好地咬住东西，在把坚韧的植物撕碎时能派上用场。

完美的
突袭

这只狐狸看起来像是在玩雪，但这并不是它把头向下扎进雪里的原因。

狐狸需要进食，尤其是在寒冷的冬季。这时候，它们通常吃的野鼠和老鼠都藏到了雪下。它们依靠灵敏的听觉侦测这些从雪下隧道中匆匆跑过的小型啮齿类动物，甚至能听到一米厚雪下的动静。一旦发现猎物，它就会跳到空中，然后直直地扎进雪里攻击目标。

会功夫的科莫多巨蜥

这只科莫多巨蜥宝宝正在努力让自己看起来吓人，它站了起来，像功夫大师一样晃动着手臂。

小蜥蜴是出色的攀爬者，它们把大部分时间都用来检查树上是否安全。成年之后它们便会失去鲜艳的花纹，变成巨大的灰色陆栖爬行动物，成为地球上体型最大的蜥蜴。

可怕的松鼠

这只爱管闲事的松鼠是在追赶万圣节的潮流，还是有什么其他主意？

可能松鼠期待的是一顿不同寻常的美味，如果是这样，那它就要失望了，这个南瓜里面没留下多少多汁的南瓜肉了。不过如果你是一只松鼠的话，发现一个南瓜之后总是值得检查一下的！

49

睡上一觉

你可能会觉得在满是冰雪的北极好好睡一觉太冷了，但对于海象来说，这可难不倒它。

海象能在任何地方打起瞌睡来，不管是陆上还是水里，对于它们来说都一样。人们甚至看到过它们用长牙把自己吊在浮冰边上睡觉。有的海象一有时间就会睡觉，但有的海象能一口气游超过 80 个小时不休息，这意味着它们能打破持续不睡觉的世界纪录了。

鬃毛的魅力

早晨可以尽情拖拉。在非洲塞伦盖蒂平原的早晨，这 5 只年轻的雄性狮子没什么特别的地方急着去。

这群没有经验的家伙不知道是不是有血缘关系，它们一起行动，四处捡食物，即使这意味着要吃别人剩下的食物。它们在足够成熟的时候，鬃毛会变得更长，也更浓密，可能会有自己的领地。之后它们就会把猎食的工作留给群体里的雌性，可以让别人去找早餐了！

树后面的熊

一只小棕熊抱着树。它是在躲避什么东西，或者只是想试试大小？

小棕熊会爬树，但长大之后，身体变得太重（不像黑熊），它们就不能这样做了。因此，它们所有的时间都待在地上。当遇到一只成年雄性棕熊时，需要逃走的你知道这一点很有用。

不是我干的！

我们在叶子上见到的破损大部分都是吃叶子的昆虫们干的，但也并不尽然。

这次，这只从洞里向外看的纺织娘（一种蟋蟀）不是罪魁祸首。这可能是一只饥饿的蜗牛干的。尽管纺织娘主要的食物是植物，但它们也喜欢吃蜗牛！

嗨，好热！

灰海豹标志性的特点是它们的长鼻子。人们常常看到它们在北大西洋的海岸一边笑，一边挥舞着鳍肢让自己凉快一点。

灰海豹大部分时间都在海里。它们是强壮的游泳者，追逐鱼类，每天要吃 5 千克的食物。在冬天，它们更多时间是在陆地上，沉重的身体使它们变得笨拙。它们在陆地上繁殖，脱掉旧毛。海岸上可能会聚集上百只灰海豹，但它们相互保持着一定距离。

头朝下

当脑袋距离地面很远时，优雅地喝水就成了一个问题。

长颈鹿的长脖子非常适合吃长在最高树上的叶子，但喝水就变得困难了。口渴的长颈鹿必须叉开腿，这样它们的脑袋和舌头才能够到水面。食道里强壮的肌肉将水推到胃里。脖子里特殊的血管能防止长颈鹿晕倒。

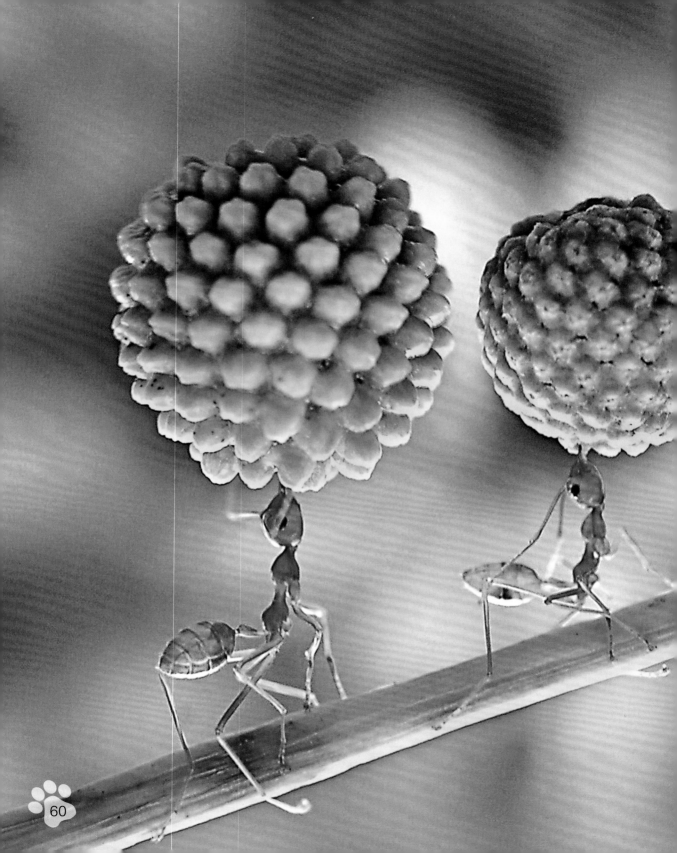

不可思议的蚂蚁姿态

举重运动员能举起将近两倍于自己体重的东西，但和蚂蚁比起来，这根本不算什么。

这些红蚁举着金合欢树的青果子，把它们搬回巢穴喂养蚁群。蚂蚁以这种方式协同工作，照顾蚁群和产卵的蚁后。每个果子只有爆米花大小，却是蚂蚁体重的 50 倍。它们的脚有黏性，可防止它们在保持平衡时摔倒。说到举重，蚂蚁是当之无愧的冠军。

屁股朝上！

如果你是一只饥饿的鸭子，在池塘里午餐时，你肯定要把头扎进水里。

这只鸭子正在吃生长在水下的水草，它把屁股露在空中以保持平衡。这招儿叫作钻水，许多鸭子都很擅长这样做，它们能通过这种方式吃到很多食物。钻水鸭在水足够浅的池塘里很常见，因为这样就能够到水草。其他种类的鸭子能从更深的地方觅食，但需要完全潜到水面之下。

两边都能看！

这只变色龙是在向上看还是向下看？实际上它两边都能看到。

变色龙的特别之处在于它的两只眼睛能分别移动——一只朝向一个方向，同时另一只朝向不同方向，且每只突出的锥形眼睛都能360°转动。因此，变色龙有很好的全方位视角来定位美味的昆虫。它们以闪电般的速度伸出有伸展性的舌头，抓住昆虫。

睡一会儿

如果你看到一只树袋熊挂在树上，它很可能是在睡觉。

树袋熊吃桉树叶，所以它们的味道闻起来像止咳药。但是桉树叶非常坚韧，它们需要很长时间才能消化。顺其自然的最好方法就是好好睡一觉，在睡觉时吃的食物就能消化下去了。

在我的
雨伞下

如果你是一只小猩猩，你就要经历很多事情才能成长起来，而要经历的事情还会多过其他种类的猿类幼崽。

小猩猩们必须学会所有本领，包括拿叶子当雨伞和判断哪种东西可以食用等。猩猩妈妈独自抚养幼崽，在小猩猩的青少年时期到来之前，它们都会一直和妈妈保持联系。

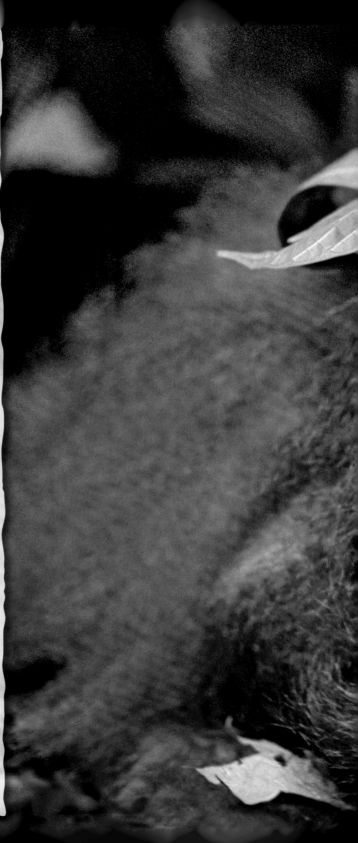

手和人类的相似，但手指更长

脚趾可以弯曲起来抓握东西

摇摆之王
猩猩的手臂特别长，但它们的腿又短又粗。这种生理构造意味着比起在地上行走，它们更善于攀爬和在树间摇荡。

站起来摇摆

北极熊常常用后腿站起来，但在湿滑的浅滩上站起来需要保持平衡。

北极熊站起来时能吓退敌人，同时，这样也能让它看到北极大陆上距离更远的猎物或敌人。为了寻找藏在隐蔽洞穴里的海豹幼崽，它们要撞碎积雪，因此站起来还能为它们增加额外的冲力。北极熊站起来时的身高超过3米，它们是名副其实的世界上最大的陆生食肉动物。

龟的交通拥挤

对于龟来说，没有比在太阳下晒日光浴更好的事情了，但是在争夺一块狭窄的泥河岸时，它们可能会叠成一堆！

阳光温暖了刚从冰凉的沼泽水域中捕鱼出来的龟们。回到干燥的陆地上，每只龟都想找到晒日光浴的最佳地点。这些侧颈龟长着长长的脖子和像蟾蜍一样的头。它们不能像一般陆龟一样把头缩进壳里，但能让脖子侧弯。

强盗之乡

在北美洲的大草原上，3只小黑足雪貂从一个地洞中向外看。

几个月以前，它们的父母占据了一群土拨鼠（一种大型地松鼠）的巢穴。雪貂在这里繁殖后代，以土拨鼠为食。随着小雪貂越长越大，它们会搬去临近的洞穴，三四个月大的时候会离开父母。黑足雪貂曾经濒临灭绝，但现在却再次快乐地生活在野外。

平行停车

当你一生中大部分时间都要在灌木丛中攀爬时，你就需要有很好的抓握力。

和所有昆虫一样，螳螂有6条腿。但其中只有4条能用来抓住植物的茎和细枝。前腿用来抓捕附近的猎物，非常狠毒。那只瓢虫最好小心一点！

谁说我害怕了？

在亚马孙平原上，一只雄性美洲豹咆哮着，露出牙齿，显示着自己是雨林中的顶级捕食者。

美洲豹自在地生活在南美洲的沼泽雨林里，在这里它们无论是爬树还是在河里游泳都很舒适。它们长有花纹的皮毛在森林里是很好的伪装，使自己不被猪和鹿等猎物发现。

好拥挤

家鼠的骨头非常细小，所以它们能挤进几乎只有铅笔粗细的洞。

如果老鼠的头部能够通过，那么它们极为柔韧的身体就能通过。人类的住宅能为它们提供所有需要的东西——食物、温暖和遮蔽。

所以毫不意外地，它们会在地板下安家，在晚上溜出来看看柜橱上都有什么好吃的。老鼠是出色的攀爬者和跳跃者，而且奔跑速度很快。它们会留下的唯一证据就是细小的黑色粪便和被咬过的饼干袋子！

你……
你是谁?

在南美洲广阔的草原上,一只站在地上的猫头鹰要做到临危不惧。

穴小鸮长着长长的腿,用来追捕啮齿类动物或站在高高的草丛里观察远处。有时候它们会把脑袋倒过来以更好地寻找美味的老鼠或警惕危险的天敌。草原上没有什么高大的树,因此它们把巢穴搭建在仅次于大树的地方——地洞。土拨鼠留下的地洞是一个理想的场所。

狮子跳舞

对于一只小狮子来说，玩耍是成长过程中一个非常重要的部分。

这两只小狮子最开始是用爪子拍打对方，后来就变成了用两只脚站起来"跳舞"。它们是在玩耍，但这将教会它们如何控制和协调自己的动作。这样，有一天它们就能在广阔的草原上抓到猎物了。

嘴巴噘起来

这种鱼有一个贴切的名字——红唇蝙蝠鱼。它的长相一点儿都不像一条鱼。

它把自己特别的臂状鳍当作腿，"站在"不平坦的珊瑚上。它长着盘状的身体，不在开阔的水域游泳，而是选择在海床上蹒跚行走。它们的速度不足以追赶和抓捕其他鱼类，因此它们用头上指向前方的一根诱饵来吸引猎物。红色的嘴唇当然也能吸引猎物的注意，但它们把口红藏在哪儿了？

吃你的草吧！

在刚刚 9 个月大时，小狼崽对这个大大的世界知之甚少。它们暂时依赖狼妈妈和狼爸爸的食物和保护。

在小狼崽能和狼群外出之前，它们大部分时间都在巢穴附近玩耍，并学会记住狼是不吃草的这件事。秋天，它们会加入成年狼外出猎食的队伍，与其他狼一起为狼群捕食。

用来奔跑的长腿

当我在呼唤你时……
成年狼大声嚎叫，聚集狼群。即使身在几千米以外，每只狼也都能听得见呼唤。

进食迅速的美食家
狼长着尖锐的牙齿，咬食有力。它们要赶在其他猎食者偷走自己的猎物之前吃完，因此进食非常迅速。

鼻子能嗅到距离很远的气味

寻找庇护

下着毛毛雨的海滩一点儿都不好玩，尤其是在你还需要照看宝宝的时候。在找不到明显的遮蔽物时，只有一个方法了。

这只鸻鸟妈妈勇敢地面对恶劣的天气，让雏鸟依偎着躲在自己肚子的羽毛下面，这里温暖又干燥。她肚子下的空间最多能挤4只雏鸟。幸运的是，雨水能让虫子爬到地面上来！

谁在笑？

和人类一样，黑猩猩也通过面部表情来向伙伴表达自己的感受。

毕竟，脸是亲人和朋友之间交流的聚焦点。但黑猩猩表情的含义不一定和我们一样。黑猩猩的笑容和人类的笑容不同。它们露出上牙和牙床时并不表示很开心，而是在表达焦虑或者敌意。如果它的下颌下垂，露出下牙，像人类的皱眉表情一样，它实际上是很开心的。

接住了！

长有一个长长的喙可以很好地够到食物，但之后你还需要复杂的技巧把食物吞下。

巨嘴鸟把水果扔到空中，这样它们就能把食物吞下去。它的喙质地坚硬，虽然看起来很沉，但实际上很轻，因为细细的骨纤维是像发泡海绵一样排列的。喙的外层由一种名为角蛋白的物质组成，这种物质也出现在爪子和趾甲里。喙通常色彩很鲜艳。巨嘴鸟长长的舌头可用来捕捉昆虫。

当你要离开的时候

在婆罗洲的森林深处，一只树鼩在舔食猪笼草的花蜜。

猪笼草的叶子尾端长着罐形的容器。每个罐子里都有液体，用来淹死昆虫，并从它们的尸体里吸取养分。但树鼩也会做出一些贡献。它们享用花蜜的时候会把罐子当作厕所，它们的尿液为植物提供了重要的营养。

只是倒挂着而已

小负鼠喜欢享受倒挂在树枝上的刺激感。

它们将自己无毛的尾巴当作额外的脚，把自己吊在树枝上。但是，这种乐趣并不会持续下去。随着它们越长越大，尾巴便无法支撑变重的身体。成年以后，尾巴将被用来做别的事情，如在树和灌木之间攀爬时起支撑作用，甚至用来搬运筑巢用的叶子和树枝。

棘手的情况

做过让自己后悔的事吗？这只短尾猫就是如此。当它迎面遇到美洲狮时，它必须赶快逃跑。

美洲狮紧紧地在它后面追赶，唯一安全的地方就是长满扎人尖刺的仙人掌上。虽然美洲狮警告性地吼了几声之后就走了，但短尾猫还是待在上面。几个小时之后，它才小心地从仙人掌上下来，一点儿也没受伤。

别放手！

只有两个月大的时候，小巢鼠已经能做出杂技般的动作了。

它们的尾巴很适合抓握，也就是说，它们能把尾巴当作另外一只手臂来抓住新芽和树枝，或者用来把自己倒挂起来玩耍。甚至在成年之后，巢鼠也能在茶勺里舒舒服服地坐着，它们是欧洲体型最小的啮齿类动物。

三只小猪

如果你在树林里生活，带条纹的金色皮毛会很好地把你隐藏起来，但下雪的时候就不管用了。

这些小野猪不用担心，在出生之后的几个月内，它们会被妈妈严密地保护起来，所以它们能一直在雪里闻和拱，寻找任何可能的美食，如虫子或藏在雪下的橡树子。它们在年龄这么小的时候就已经是嗅东西的专家了，在只有几天大的时候就开始拱东西了。

95

瑜伽熊

熊大大的爪子善于捕食和击退敌人，但有时候它们的动作实在令人捧腹。

甚至在成年之后，熊也是顽皮的动物。它们极具好奇心，会察看所有偶然听到的新奇声音、嗅到的奇怪气味或碰到的有趣物体，看看有没有什么能吃或能玩的东西。尽管大部分的熊都独自生活，但它们也会和附近的其他熊形成友好的同盟关系。

棕熊的肩背
明显隆起

长长的爪子是挖
掘的理想工具

长着扁平足的慢吞吞的动物

棕熊长着和人类一样的扁平足。这种脚掌能很好地支撑身体重量，但跑不快。这就意味着比起用脚趾走路的更灵活的狗和猫，棕熊的速度没有它们快。

外面好冷啊!

即使在只有大拇指大小的时候，你也要尽力吓退攻击者。这还能让你有一身专属盔甲。

这些小龙虾一般会待在安全的泥洞里，但有时候你也能在外面看到它们。当危险来临时，它们会站得尽量高，在空中挥舞着钳子。如果靠得太近，你就可能会被狠狠地夹一下。小龙虾生活在河流湖泊里。在春季，雌性小龙虾把肚子上看起来有点儿像一堆浆果的卵产在水里。小龙虾宝宝必须自己找食物，它们结实的钳子肯定会有所帮助的。

美好的泥浆

非洲象最喜欢的就是在泥里玩耍，它们的长鼻子非常善于把泥巴弄得一团糟。

湿泥在变干的过程中能降低身体的温度。在非洲太阳的炙烤下，大型动物有身体过热的危险，因此这样的玩耍对于它们来说很重要。首先，大象把泥吸进鼻子里，然后把泥喷到空中。鼻子能对准身上最热的部位。有时候，淘气的大象就是忍不住要把泥喷得到处都是，尤其是喷到家里其他大象的身上。

盛装打扮的螃蟹

这只夏威夷的小螃蟹站在礁石上时永远都带着一对啦啦球。

实际上，这对啦啦球是体型更小的海葵，而螃蟹正小心地用蟹钳拿着它们。海葵长着刺人的触手，能很好地防御附近游过的猎食者的攻击，触手还能捕到一些猎物。所以，螃蟹的啦啦球不仅能起到防御作用，还能当作餐盘来用。

跳山羊

有弹力的长腿是用来和朋友做杂技动作的理想装备。

红眼树蛙大部分的时间都在树冠间攀爬，而不是在地上跳跃。绿色的皮肤使它们能很好地与周围环境融为一体。鲜艳的红色眼球快速闪动，常常足以吓退它们的天敌。

我累了！

没有什么大型猫科动物比豹更觉得在树上待着自在的了。它们是攀爬专家，一天劳累的捕猎之后，在树枝上睡一会儿会非常舒服。

豹充分利用了自己精通爬树的优势。在杀死猎物之后，它们会用力把猎物的尸体拖到树上，把它藏在树叶里，盖在树枝下。这样，猎物就不会被其他可能把它偷走的猎食者注意到了。

洗干净出门

海獭知道好好梳洗对皮毛处于最佳状态很重要。

如果大部分时间都待在冰冷的海水里，只要保持皮毛干净，厚实的皮毛就能阻挡寒冷。海獭不像其他海洋哺乳动物，它们皮下没有多少脂肪，因此它们完全依靠身上的皮毛保持温暖。它们的毛比其他哺乳动物多，并且柔软的身体使它们能用爪子够到每个部位，保持清洁。

跳滑步舞的马达加斯加狐猴

当你想从一棵树跳到另一棵树上，但树间距离又太远的时候，你会怎样做呢？

马达加斯加狐猴是生活在马达加斯加的一种长有丝绸般皮毛的狐猴。它的英文名 "sifaka" 得名于它听起来像 "嘘——法卡" 的叫声。它们会用两条腿侧着跳过开阔地，同时举起双臂来保持平衡。它们移动的时候像芭蕾舞者一样专业和优美。

喂我吧!

没有多少鸟能像鹈鹕一样捕到那么多鱼。

鹈鹕的喙下面吊着一个有弹性的大袋子,用来收集在湖面下捞到的食物。水从袋子两边流出,然后鹈鹕就会把剩下的鱼全部吞下去。虽然它们常常吃鱼,但有时也会尝试其他食物——龟、青蛙、虾,甚至偶尔还有鸽子。

野性的呼唤

这只土拨鼠看起来好像是突然唱起了歌，但它更可能是作为雄性在保护自己的领地。

它用后腿站起来，大声地发出警告来保护自己的牧草领土、雌性土拨鼠和家庭免遭其他雄性的侵占。一声高音口哨足以警告整个族群入侵者来了。

沙滩体操

象海豹的身体特别柔韧，它们能向后卷一圈并用尾巴碰到自己的鼻子。

可弯曲的脊椎使它们能在水中捕鱼时快速扭转身体。象海豹是所有海豹中最大的一种，它们长到成年时的体重能超过一辆中型客车。成年象海豹大部分时间都待在水里，它们能潜到很深的地方，屏住呼吸超过一个小时。

灵敏的胡须
帮助海豹感
知猎物

迅速的游泳者
海豹流线型的身体有着在水下游泳的理想身材。它甚至没有耳郭，因此它的头部非常光滑。

完美的桨手
海豹的鳍肢不能用来在陆地上行走，但能在水中划水。

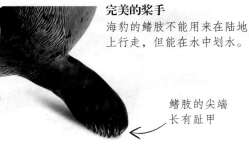

鳍肢的尖端
长有趾甲

金鱼眼

这只爬树的小东西看起来像一个大眼小丑怪，但它实际上是一只松鼠大小的灵长类动物。

眼镜猴在树间跳跃，用特别大的眼睛在幽暗的雨林中猎食昆虫。每只眼睛都有它整个大脑那么大，因为占据了脑袋上太多的空间，所以眼球只能固定在一个位置。我们能转动眼球，但眼镜猴不能。这就意味着它们要转动整个脑袋来看向不同的方向。

吸引异性的打扮

"我的鹿角这样看起来是不是很大？"对于一头雄性马鹿来说，它头上的蕨类装饰是很值得骄傲的东西。它们认为看起来越大就越好。

当雄鹿向雌鹿炫耀时，它们会昂首阔步地走来走去，并用头上的角击打低矮的灌木。这样的动作能增强脖子上的肌肉力量。在为了吸引异性而和其他雄性角抵角对抗时，这样的锻炼就显得很有帮助。角上长有许多叉的雄鹿会更容易获胜。

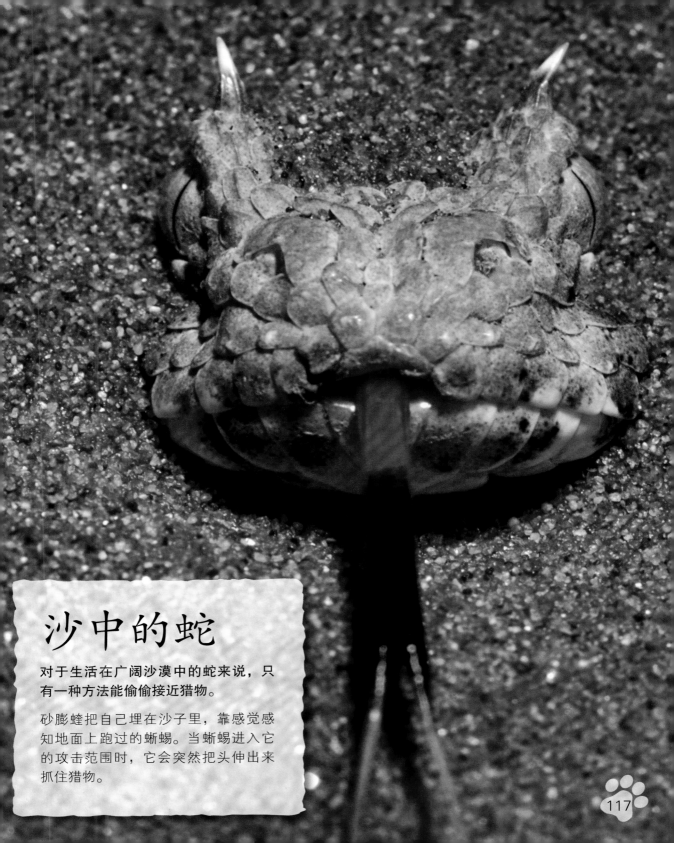

沙中的蛇

对于生活在广阔沙漠中的蛇来说，只有一种方法能偷偷接近猎物。

砂膨蝰把自己埋在沙子里，靠感觉感知地面上跑过的蜥蜴。当蜥蜴进入它的攻击范围时，它会突然把头伸出来抓住猎物。

给我一只不要的球吧！

有时候一只小鼠需要一些小小的帮助。一只废旧的网球对巢鼠来说就是一个完美的家。

这只小鼠通常用许多碎草在高高的芦苇上搭窝，但一只网球会更安全。网球上的洞足够小鼠钻进去了，但却能把危险的鼬和鸟类天敌挡在外面。也就是说，巢鼠能安全地在里面繁殖后代。

最佳伴侣

在求偶时，两只帝企鹅之间的关系会特别亲密。

它们在你能想象到的最恶劣的环境——冰天雪地的南极大陆上繁殖后代。为了找到理想的伴侣，企鹅们会做一系列重要的动作，包括整理羽毛，特别是难以够到的那些，并模仿彼此的动作。

快乐的大脚
企鹅的脚特别适合在冰上站立。当血液通过脚踝流向脚时，热量会传到向腿部回流的血液中。这样脚上的血液温度更低，能损失较少的热量。

爪子帮助它们在冰上滑行时停下来

天然的羽绒被
企鹅的羽毛非常短，以方便它们游泳，但羽毛紧密地长在一起。它们的羽毛数量比其他许多鸟类多。

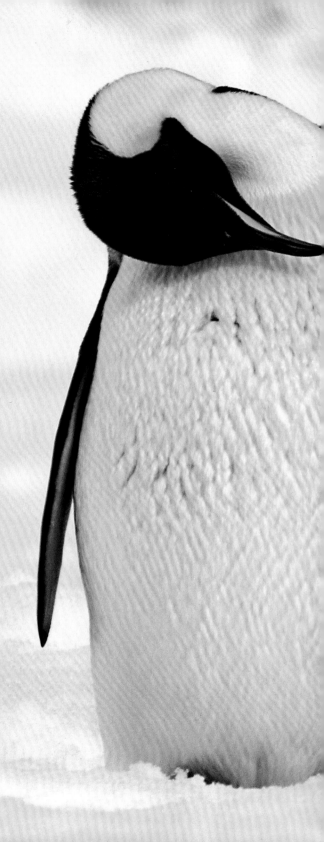

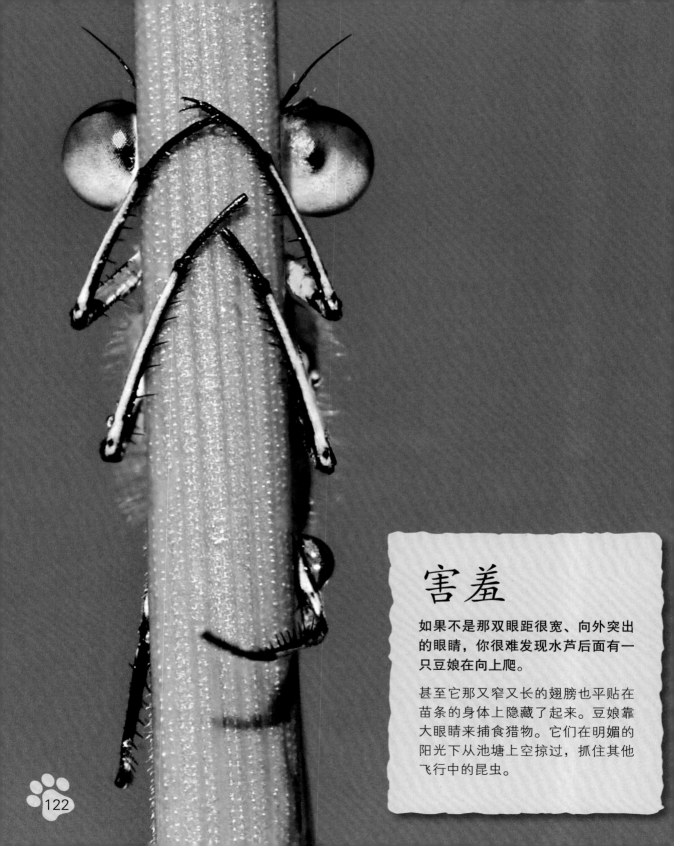

害羞

如果不是那双眼距很宽、向外突出的眼睛，你很难发现水芦后面有一只豆娘在向上爬。

甚至它那又窄又长的翅膀也平贴在苗条的身体上隐藏了起来。豆娘靠大眼睛来捕食猎物。它们在明媚的阳光下从池塘上空掠过，抓住其他飞行中的昆虫。

你能做到吗？

如果你一生都生活在沼泽平原上，那么像这样在两根芦苇之间劈叉对你来说就不是什么难事了。

一只雌性红翅黑鹂（只有雄性红翅黑鹂的翅膀上才有红色斑块）非常放松地抓在栖木上。在这里，它将在水上筑巢，还有其他几十只雌性红翅黑鹂也和它一起，在芦苇中安全地躲避天敌。

先生！可以再往上一点吗？

海鬣蜥的一生都非常与众不同。

海鬣蜥是唯一一种生活在海里的蜥蜴。它们围绕加拉帕戈斯群岛崎岖的海岸游动，除了咀嚼海草，它们不吃其他东西。海水非常寒冷，甚至让冷血的两栖动物也感到刺骨，因此蜥蜴时不时地要回到海岸晒太阳。莎莉飞毛腿蟹已经在海岸上等着把蜥蜴的死皮吃掉，它们好像很喜欢这种东西。

哪儿去了？

刚出生的袋鼠小得不可思议，几乎只有花生米那么大。

小袋鼠还要经历很多才能自己独立生活。因此，在最初的 4 个月里，它都会安全地待在妈妈的育儿袋内。妈妈用充足的乳汁喂养育儿袋里的宝宝，并时刻查看宝宝的情况。

一只蜘蛛下来了……

你从蜘蛛猴细长的四肢和长长的尾巴就能看出它因何而得名。

蜘蛛猴把尾巴当作一只额外的手，用来抓住树枝。尾巴末端有一块没有毛发的皮肤，像一个敏感的指尖，能使蜘蛛猴更好地进行抓握和在树梢荡来荡去。

放松

北极熊通常会单独生活，但有时候和朋友一起出去走走也不错。

在北极的冰天雪地里，你需要掌握技巧、保持耐心才能独自找到足够的食物——一只胖胖的海豹或多汁的浆果。但如果周围有充足的食物，为什么不和大家一起呢？有时一群北极熊在人类的垃圾堆周围聚集起来，狼吞虎咽地吃掉从某家厨房里扔出来的能吃的东西。填满肚子之后，它们就能在冰上休息一下了。

嘻嘻！

即使这只花栗鼠的脸颊已经鼓起来了，它还是忍不住要再吃两口从地上捡起来的饼干。

野生花栗鼠通常靠吃种子、坚果、植物和昆虫为生，但它们不会把食物一次都吃光。有些食物被塞在它们的颊囊里带回洞穴，或者埋在附近。这些食物储藏室能帮助花栗鼠度过寒冷的冬天。

飞翔的拖把

这是一只鸟吗？还是一架飞机？不，这只毛发又长又乱的动物是梳着长发绺的狗。

波利犬是一种匈牙利牧羊犬。它长着令人吃惊的防水厚毛，这些毛能被拉成长长的像绳子一样的线。虽然长着厚重的毛，但波利犬却非常敏捷，在追击入侵者时能迅速改变方向。

健康活泼的宝宝

不只是人类的宝宝喜欢和妈妈一起翻滚。雌性倭黑猩猩在孩子 4 岁以前会一直照看它们。

倭黑猩猩是一种长得像黑猩猩的猿类，与人类是近亲，只生活在中亚的森林里。与黑猩猩相比，它们的腿更长，脸也更黑。它们集体生活，这个大群体比黑猩猩的群体更加亲密友好。有些人认为倭黑猩猩特别擅于理解群体中其他成员的感受，并尽可能让群体中每个成员感到愉快。

扬起你的脖子

**如果你是一只年轻的雄性长颈鹿，显示力量
的最好方法就是用脖子。**

长颈鹿的脖子又长又有力，雄性长颈鹿聚集
在一起时会以一种特别的方式打斗。它们前
腿向外分开保持平衡，摇着脑袋和脖子撞击
对方。这样的打斗最长能持续半个小时，直
到较弱的那一只最终放弃。胜者成为最强的
雄性，这就意味着它有更多机会得到伴侣，
成为父亲。

雨中歌唱

蛙喜欢淋雨，但这只蛙想使自己的叶子伞在雨滴掉落时保持稳定。

一只雄性红眼树蛙在雨中大声地叫着，它这是在吸引雌性。之后，雌性树蛙会背着雄蛙走几个小时，直到它们准备好把卵产在悬在水塘上方的叶子上。蝌蚪从卵中孵化出来之后就掉到水里并一直在水中生活，直到长成蛙。之后，幼蛙会爬回到树梢上生活。

玩得开心

在雪里的猴子并不常见，但如果去日本的北部，你可能会被猴子用雪球砸到。

日本猕猴长着蓬松的毛发，从而使自己在这个全年大部分时间都覆盖着冰雪的地方保持温暖。在最寒冷的冬天里，它们会挤在一起取暖。但这并不能阻止小猴子的恶作剧，就像其他所有小猴子们一样。对于一只身边满是冰雪的顽皮的猴子来说，团一只雪球来扔着玩简直是无法抵抗的诱惑。

丛林之战

当在纤细的树枝上狭路相逢时，谁能如愿以偿呢？

两只幼年高冠变色龙正在练习打斗，当它们再长大一些时，打斗就会成为一件更加严肃的事情。成年之后，它们身体上会长出颜色更加鲜艳的花纹，包括黄色和蓝色的斑点或条纹。在它们生气或激动的时候（如和其他变色龙有分歧时），这些颜色甚至会变得更加鲜艳。同时，它们死死地盯着对方，并且尽可能威慑对方。

倒霉的一天

如果你花了大量时间在泥泞的河岸上挖洞，你肯定会把脸弄脏，看起来有些凌乱。

河狸鼠是一种看起来像小型河狸的啮齿类动物，这只河狸鼠正用自己的前爪把脏东西从皮毛和眼睛上清理掉。河狸鼠在池塘和小溪里游泳，并且生活在水边的洞里。

去划水

如果你生活在一个庞大的群体里，能单独待一会儿是再好不过的事情了。而且，还有什么能比在沙滩上漫步更好的呢？

几个月的海中捕鱼结束之后，麦哲伦企鹅聚集在南美洲的海岸上。在这里，它们在地洞里安家，远离太阳的炙烤。雄性每年都会回到同一个洞里，呼唤自己的雌性伴侣，雌性辨认出它的声音之后就会来找它。在许多年里，这只雄性企鹅和它体型较小的伴侣都会一起繁殖后代。

索引

致谢

多林·金德斯利公司由衷感谢克莱尔·乔伊斯协助设计，苏丝米塔·戴伊协助编辑，克莱尔·鲍尔斯和罗曼·维布洛进行图片调研，以及安·巴格利进行校对。

本书出版商由衷感谢以下名单中的人员提供图片使用权：
（缩写说明：a-上方；b-下方/底部；c-中间；f-底图；l-左侧；r-右侧；t-顶端）

4-5 Dreamstime.com: Ksenia Raykova (c). **6-7 Ardea:** Ferrero-Labat. **8-9 Photoshot:** Martin Harvey / **NHPA**. **10-11 National News and Pictures. 12 Caters News Agency:** Eco Suparman. **13 naturepl.com:** Hermann Brehm. **14-15 Getty Images:** Luke Horsten / Moment. **16-17 Getty Images:** Juergen + Christine Sohns / Picture Press. **18 Caters News Agency:** Steven Passlow. **19 Corbis:** David Fettes. **20-21 Getty Images:** Andy Rouse / The Image Bank. **21 Dreamstime.com:** Martingraf (crb). **22-23 Dreamstime.com:** Marina Cano. **24 Alamy Images:** blickwinkel / Peltomaeki. **25 Alamy Images:** Photoshot Holdings Ltd. **26-27 Getty Images:** Heinrich van den Berg. **28-29 Alamy Images:** Rick & Nora Bowers. **30 Dreamstime.com:** Kseniya Ragozina (bl). **30-31 Dreamstime.com:** Martinmark (bc). **31 Dreamstime.com:** Kseniya Ragozina (br). **32-33 Robert Harding Picture Library:** Fritz Poelking / age fotostock. **34-35 Getty Images:** Perry McKenna Photography / Moment. **36-37 FLPA:** Artur Cupak / Imagebroker. **38 Corbis:** Mitsuaki Iwago / Minden Pictures. **39 Corbis:** Jami Tarris. **40-41 naturepl.com:** Anup Shah. **42-43 Corbis:** Alaska Stock. **44-45 Corbis:** Stuart Corlett / Design Pics. **46 Corbis:** Robert Postma / First Light (c). **47 Getty Images:** Robbie George / National Geographic (bc). **48 Caters News Agency:** Woe Hendrick Husin. **49 Caters News Agency. 50-51 Corbis:** Alaska Stock. **52-53 Solent Picture Desk:** Daniel Dolpire. **54 Solent Picture Desk:** Valtteri Mulkahainen. **55 Caters News Agency:** Steven Passlow. **56-57 Corbis:** Hinrich Baesemann / dpa. **58-59 Corbis:** Denis-Huot / Hemis. **60-61 Caters News Agency:** Eko Adiyanto. **62-63 Dreamstime.com:** Bonita Cheshier. **64 Getty Images:** Jack Milchanowski / age fotostock. **65 Dreamstime.com:** Ongchangwei. **66-67 Corbis:** Anup Shah / Nature Picture Library. **68 naturepl.com:** Steven Kazlowski (bc). **68-69 naturepl.com:** Steven Kazlowski. **69 naturepl.com:** Steven Kazlowski (bc). **70-71 Getty Images:** Michael Sewell Visual Pursuit / Photolibrary. **72-73 Getty Images:** Wendy Shattil and Bob Rozinski / Oxford Scientific. **74 naturepl.com:** Michel Poinsignon. **75 Alamy Images:** Ammit. **76-77 Alamy Images:** blickwinkel / Delpho. **78 Solent Picture Desk:** Henrik Nilsson. **79 Solent Picture Desk:** Jacques Matthysen. **80-81 Getty Images:** Birgitte Wilms / Minden Pictures. **82 Dorling Kindersley:** Jerry Young (bl). **Dreamstime.com:** Sean Donohue (cl). **82-83 Getty Images:** Art Wolfe / The Image Bank. **84-85 Solent Picture Desk:** Michael Millicia. **86 Corbis:** Dlillc. **87 Corbis:** Dlillc. **88 Getty Images:** Visuals Unlimited, Inc. / Gregory / Visuals Unlimited. **89 FLPA:** Chien Lee. **90-91 Corbis:** Ronald Wittek / dpa. **92 Solent Picture Desk:** Curt Fohger. **93 FLPA:** J.-L. Klein and M.-L. Hubert. **94-95 Alamy Images:** Willi Rolfes / Premium Stock Photography GmbH. **96-97 FLPA:** Andre Skonieczny,I / Imagebroker. **97 Dreamstime.com:** Isselee (crb). **98-99 FLPA:** Jasper Doest / Minden Pictures. **100-101 Corbis:** Anup Shah. **102 Alamy Images:** David Fleetham. **103 Caters News Agency:** Mercury Press. **104-105 Robert Harding Picture Library:** Morales / age fotostock. **106-107 Ardea:** Tom + Pat Leeson. **108 Robert Harding Picture Library:** imageBROKER (tl). **108-109 Robert Harding Picture Library:** Michael Runkel. **109 Robert Harding Picture Library:** Arco Images. **110 Getty Images:** Susan Freeman / Flickr. **111 Alamy Images:** Juniors Bildarchiv / F275. **112-113 Robert Harding Picture Library:** Michael Nolan. **114-115 Dreamstime.com:** Vitaly Titov & Maria Sidelnikova. **116 Solent Picture Desk:** Greg Morgan. **117 Corbis:** Martin Harvey. **118-119 Corbis:** Roger Tidman. **120-121 Robert Harding Picture Library:** Michael Nolan. **122 Solent Picture Desk:** Tony Flashman. **123 Corbis:** Arthur Morris. **124-125 Corbis:** Tui De Roy / Minden Pictures. **126 FLPA:** D. Parer & E. Parer-Cook. **127 SuperStock:** Minden Pictures. **128-129 Corbis:** Michio Hoshino / Minden Pictures. **130 Dreamstime.com:** Bruce Shippee. **131 Alamy Images:** Wegler, M. / Juniors Bildarchiv GmbH. **132-133 Corbis:** ZSSD / Minden Pictures. **134-135 Dreamstime.com:** Mogens Trolle. **136 Getty Images:** Michael Durham / Minden Pictures. **137 Getty Images:** mochida1970 / Moment Open. **138-139 Dreamstime.com:** Cathy Keifer. **140 Solent Picture Desk:** Nenad Druzic. **141 PunchStock:** Digital Vision / Keren Su. **142-143 Fotolia:** Eric Isselee (tc)

其他图片版权归多林·金德斯利公司所有
更多信息请见：**www.dkimages.com**